Mosab Nouraldein Mohammed Hamad
Sana Mohammed Ahmed Osman
Hana Alhag Alshazali Ahmed

Co-infecções do trato urinário, bacterianas e da esquistossomose

Mosab Nouraldein Mohammed Hamad
Sana Mohammed Ahmed Osman
Hana Alhag Alshazali Ahmed

Co-infecções do trato urinário, bacterianas e da esquistossomose

ScienciaScripts

ÍNDICE DE CONTEÚDOS

Dedicação:

Para as nossas mães e pais

A todos os estudantes de medicina do mundo inteiro

Resumo

As infecções bacterianas são frequentemente recorrentes e importantes complicações da fase inativa da esquistossomose urinária. A investigação foi levada a cabo para determinar a frequência da infeção bacteriana do trato urinário entre as crianças em idade escolar com esquistossomose. Neste estudo, foram colhidas 120 amostras de urina de alunos de escolas em algumas aldeias da cidade rural de Shendi, no sul, com uma idade média entre 5 e 16 anos, e examinadas quanto à presença de ovos de S.haematobium utilizando a técnica de centrifugação e quanto à bacteriúria por métodos bacteriológicos de rotina. Um total de 120 crianças em idade escolar foi incluído no estudo, 84 sofriam de esquistossomose e 36 não estavam infectadas. Dos 84 que sofriam de esquistossomose, 37 (44,05%) apresentaram bacteriúria significativa, 47 (55,95%) apresentaram bacteriúria insignificante (valor de p = 0,001). As bactérias isoladas incluíram: espécies de Klebsiella, Escherichia coli, E.facailis, espécies de Salmonella, espécies de Proteus e espécies de Pseudomonas. A Escherichia coli ocorreu mais frequentemente 17 (45,95%) do que as restantes espécies bacterianas isoladas. O teste de suscetibilidade antimicrobiana dos isolados revelou padrões variáveis de suscetibilidade em todos os isolados. Este estudo sugere claramente que a bacteriúria é uma complicação potente no tratamento da esquistossomose urinária.

Capítulo 1

Introdução

As infecções do trato urinário (ITU) representam uma das doenças mais comuns encontradas na prática médica atual e ocorrem desde o neonato até ao grupo etário geriátrico[1] . Apesar da disponibilidade generalizada de antibióticos, as ITU continuam a ser a infeção bacteriana mais comum na população humana[2] . Foi relatado que 150 milhões de indivíduos são afectados anualmente por ITU em todo o mundo[3] . As infecções do trato urinário ocorrem em resultado da colonização microbiana da urina e da invasão de qualquer estrutura do trato urinário por organismos microbianos, como bactérias, vírus, leveduras e parasitas[4] ' As ITU, tanto de origem bacteriana como parasitária, têm sido associadas a uma elevada incidência de carcinoma de células escamosas da bexiga e do colo do útero[5] .

Escherichia coli e Schistosoma spp. são as bactérias e os parasitas mais frequentemente registados como causadores de ITU, respetivamente[6] .

As doenças resultantes da ITU incluem a cistite e a pielonefrite, que se sabe não serem discriminatórias em termos de idade, uma vez que afectam tanto os idosos como os bebés. Além disso, a piúria, evidenciada pela inflamação do trato geniturinário, é comum em indivíduos com bacteriúria assintomática[7] . As ITU assintomáticas, em particular, têm sido associadas a um risco acrescido de desenvolver pielonefrite, morbilidade materna e infantil, parto pré-termo e baixo peso à nascença[8] .

As ITU assintomáticas ocorrem quando os agentes patogénicos do trato urinário entram na bexiga sem causar sintomas aparentes. Normalmente, os agentes patogénicos são eliminados pelos factores de defesa do hospedeiro quando persistem apenas durante um curto período de tempo no hospedeiro humano. No entanto, quando esses agentes patogénicos permanecem no sistema urinário durante muito tempo, surgem infecções sintomáticas do trato urinário[6,9] .

A presença de bactérias na urina é conhecida como bacteriúria. A bacteriúria assintomática é uma infeção do trato urinário que ocorre tanto em homens como em mulheres, em que as bactérias estão presentes na urina na ausência de sinais ou sintomas clínicos no hospedeiro[10] . A bacteriúria assintomática é definida pela presença de, pelo menos, 10^5 unidades formadoras de colónias (UFC) de organismos por mililitro em culturas de amostras de urina, na ausência de sintomas de infeção referentes ao trato urinário[11] . Espera-se que a deteção precoce da bacteriúria ajude a detetar anomalias corrigíveis do trato urinário e a prevenir a atrofia obstrutiva da cicatriz renal, a hipertensão e a insuficiência renal, entre outras doenças graves que podem desenvolver-se como resultado direto de uma infeção assintomática do trato urinário. Além disso, o tratamento é mais eficaz quando o organismo culpado é corretamente identificado, uma vez que se sabe que o tratamento indiscriminado com antibióticos resulta em resistência microbiana aos antibióticos. Para além da E. coli , outras bactérias implicadas na causa da bacteriúria incluem Protues spp , Pseudomonas aeruginosa, Staphylococcus aureus, Klebsiella spp. e Streptococcus spp.[12] .

Os factores de risco identificados com uma elevada prevalência de ITU em mulheres adultas jovens incluem relações sexuais, contraceção à base de espermicida e uma história de ITU[13] .

A esquistossomose continua a ser a segunda doença parasitária tropical mais prevalente, a seguir à malária, e uma das principais causas de morbilidade grave em muitas partes do mundo[14] . A doença é causada por um helminto parasita do género Schistosoma e transmitida através de hospedeiros intermediários caracóis de água doce. Estima-se que cerca de 200 milhões de pessoas em todo o mundo estejam infectadas com S. haematobium, 70% das quais vivem na África Subsariana[15] .

O Schistosoma haematobium habita o plexo venoso que drena a bexiga urinária do homem. O verme maduro deposita ovos com espinhos terminais que obstruem o plexo venoso, impedindo assim o fluxo sanguíneo. Isto faz com que as veias rebentem e o sangue e os ovos entrem na bexiga urinária, dando origem ao sintoma caraterístico[16] . No entanto, a infeção por S.haematobium pode causar hematúria, disúria, deficiências nutricionais, lesões da bexiga, insuficiência renal e um risco elevado de cancro da bexiga e, nas crianças, atraso de crescimento[17, 18] . Consequentemente, as estimativas de morbilidade e mortalidade nas populações afectadas são elevadas, com as crianças em idade escolar a apresentarem geralmente a infeção de maior prevalência e intensidade[19,20] . Estudos efectuados na Nigéria entre crianças em idade escolar em várias partes do país e em ambientes rurais e urbanos mostraram que a S. haematobium é claramente um problema deste grupo etário. A prevalência entre crianças em idade escolar varia entre 20-40% em comunidades típicas[21] . A esquistossomose urinária e a bacteriúria concomitante foram investigadas no Território da Capital Federal (FCT) Abuja. Amostras únicas de urina colhidas de indivíduos com idade igual ou superior a 5 anos foram examinadas quanto à presença de ovos de S.haematobium utilizando a técnica de centrifugação e quanto à bacteriúria por métodos bacteriológicos padrão. Foi estudado um total de 1150 indivíduos, dos quais 667 do sexo masculino e 483 do sexo feminino, provenientes dos 6 Conselhos de Área da FCT. No total, 360 (31,3%)

tinham ovos de S. haematobium na urina, enquanto 289 (80,3%) dos 360 que tinham ovos de S. haematobium na urina apresentavam crescimento bacteriano. A prevalência de bacteriúria na esquistossomose urinária variou de 74-86% (P=0,125). As bactérias isoladas incluíram: espécies de Klebsiella, Escherichia coli, espécies de Enterococci, Staphylococcus aureus, Staphylococcus saprophyticus, espécies de Salmonella, espécies de Proteus e espécies de Pseudomonas. A Eshericha coli ocorreu mais frequentemente (70%) do que o resto das espécies de bactérias isoladas. O padrão de suscetibilidade antimicrobiana dos isolados revelou percentagens variáveis de suscetibilidade em todos os isolados. O estudo sugere claramente que a bacteriúria é uma complicação potente no tratamento da esquistossomose urinária[22] .

Ibadan, a maior cidade do sudoeste da Nigéria, registou uma taxa de prevalência de 57,5% de esquistossomose urinária, com mais de 75% dos alunos infectados a apresentarem bacteriúria concomitante. Os resultados mostram uma relação linear

Entre o contacto e a utilização de água de ribeira e o aumento da taxa de infeção; a bacteriúria parece ocorrer mais frequentemente em simultâneo com infecções parasitárias do trato urinário. Incluindo Schistosoma spp. (particularmente S.hematobium)[23,24 ,25] .

Também num estudo realizado no Estado de Enugu com 842 alunos, a prevalência da esquistossomose urinária foi de 34,1%. A taxa de infeção foi mais elevada (52,8%) entre os 13-15 anos (Rácio de Prevalência=2,45, Intervalo de Confiança de 95% 1,63-3,69). A bacteriúria significativa entre os alunos com esquistossomose urinária foi de 53,7% em comparação com 3,6% nos não infectados (RP=30,8, IC 95% 18,91- 52,09). O organismo mais frequentemente implicado foi Escherchia coli[26] .

Trato urinário:

Anatomia:

O sistema urinário é constituído pelos rins, ureteres, bexiga e uretra. Frequentemente, as infecções do trato urinário (ITU) são caracterizadas como sendo superiores ou inferiores, com base principalmente na localização anatómica da infeção: o trato urinário inferior engloba a bexiga e a uretra e o trato urinário superior engloba os ureteres e os rins[27] .

Comensais:

A bexiga e o trato urinário são normalmente estéreis. No entanto, a uretra pode conter alguns organismos comensais e também o períneo (grande variedade de organismos gram positivos e gram negativos) que podem contaminar a urina quando esta está a ser recolhida. Nas mulheres, a urina pode ficar contaminada com organismos provenientes da vagina. A contaminação vaginal é frequentemente indicada pela presença de células epiteliais e de uma flora bacteriana mista. A maioria das amostras de urina conterá menos de 10^4 organismos contaminantes por ml, desde que a urina tenha sido colhida com cuidado para minimizar a contaminação e a amostra seja examinada logo após a colheita, antes que os organismos comensais tenham tido tempo de se multiplicar significativamente[25] .

Infecções do trato urinário:

Tipos de infeção e suas manifestações clínicas:

A ITU engloba uma série de entidades clínicas no estrangeiro que diferem em termos de apresentação clínica, grau de invasão dos tecidos, contexto epidemiológico e requisitos para a terapêutica antibiótica. Existem cinco tipos principais de ITU:

Uretrite, bacteriúria assintomática, cistite, síndrome uretral e pielonefrite[27]

.

Uretrite:

A uretrite é uma infeção da uretra, uma infeção comum associada a disúria (dificuldade em urinar) e frequência. A Chlmydia trachomatis, a Neisseria gonorrhoeae e a Trichomonas vaginalis são causas comuns de uretrite[27] .

Bacteriúria assintomática:

A bacteriúria assintomática ou ITU assintomática é o isolamento de uma contagem quantitativa especificada de bactérias numa amostra de urina adequadamente colhida, obtida de uma pessoa sem sintomas ou sinais de infeção urinária. A bacteriúria assintomática é comum, mas a sua prevalência varia muito com a idade, o género e a presença de anomalias geniturinárias ou doenças subjacentes[27] .

Cistite:

A cistite é uma infeção da bexiga. Normalmente, os doentes com cistite queixam-se de disúria, frequência e urgência (necessidade imperiosa de urinar). Estes sintomas devem-se não só à inflamação da bexiga, mas também à multiplicação de bactérias na urina e na uretra. Nalguns casos, a urina é muito sanguinolenta e o doente pode notar a turvação da urina e um mau odor. Dado que a cistite é uma infeção localizada, a febre e outros sinais de uma doença sistémica não estão normalmente presentes[27] .

Síndrome uretral aguda:

Os doentes com esta síndrome são principalmente mulheres jovens, sexualmente activas, que apresentam disúria, frequência e urgência, mas que produzem menos organismos do que 10^5 unidades formadoras de colónias de bactérias por mililitro (CFU

/ ml) de urina em cultura. Quase 50% de todas as mulheres que procuram assistência médica devido a queixas de sintomas de cistite aguda pertencem a este grupo[27] .

Pielonefrite:

A pielonefrite refere-se à inflamação do parênquima renal, dos cálices e da pélvis, e é geralmente causada por uma infeção bacteriana. A apresentação clínica típica de uma infeção do trato urinário superior inclui febre e dor no flanco (parte inferior das costas) e, frequentemente, sintomas do trato inferior (frequência, urgência e disúria)[27] .

Por vezes, as ITU são classificadas como:

<u>ITU não complicada;</u>

As infecções não complicadas ocorrem principalmente em mulheres saudáveis e, ocasionalmente, em bebés do sexo masculino e em adolescentes e adultos do sexo masculino. A maioria das infecções não complicadas responde prontamente a agentes antibióticos aos quais o agente etiológico é suscetível[27] .

<u>ITU complicada;</u>

As infecções complicadas ocorrem em ambos os sexos. Em geral, os indivíduos que desenvolvem infecções complicadas têm determinados factores de risco. Em geral, as infecções complicadas são mais difíceis de tratar e têm maior morbilidade (por exemplo, danos nos rins, bacteriemia) e mortalidade em comparação com as infecções não complicadas[27] .

A apresentação clínica das ITUs pode variar, desde uma infeção assintomática até à pielonefrite. Alguns sintomas das ITU sobrepõem-se consideravelmente em doentes com ITU inferiores e em doentes com ITU superiores[27] .

Características clínicas e complicações:

As infecções agudas do trato urinário inferior são caracterizadas por um início rápido de..:

• Disúria (dor ardente ao urinar)

- Urgência (a necessidade urgente de urinar)

- E frequência de micção.

As ITU superiores provocam febre e sintomas do trato urinário inferior[28] .

Via de infeção:

As bactérias podem invadir e causar uma ITU através de duas vias principais:

Vias ascendentes:

Embora a via ascendente seja a via de infeção mais comum nas mulheres, a ascensão em associação com instrumentação (por exemplo, cateterização urinária, cistoscopia) é a causa mais comum de ITUs adquiridas no hospital em ambos os sexos[27] . Para que as ITUs ocorram pela via ascendente, as bactérias entéricas gram-negativas e outros microrganismos originários do trato gastrointestinal devem ser capazes de colonizar a cavidade vaginal e/ou a área periuretral[27] . Quando estes organismos ganham acesso à bexiga, podem multiplicar-se e depois passar pelos ureteres até aos rins. As ITU ocorrem mais frequentemente nas mulheres do que nos homens, pelo menos em parte devido à curta uretra feminina e à sua proximidade do ânus. Além disso, a atividade sexual pode aumentar as possibilidades de contaminação bacteriana da uretra feminina[27] .

Na maioria dos doentes hospitalizados, a ITU é precedida de cateterização urinária ou outra manipulação do trato urinário por bactérias que colonizam a pele do doente, o trato gastrointestinal e as membranas mucosas, incluindo a uretra anterior. Estima-se que aproximadamente 10% a 30% dos doentes cateterizados desenvolverão bacteriúria (presença de bactérias na urina)[27] .

vias hematogénicas:

A disseminação hematogénica, ou via sanguínea, ocorre normalmente como resultado de bacteriemia. Qualquer infeção sistémica pode levar à sementeira do rim, mas certos organismos, como o Stappylococcus aureus ou a Salmonella spp, são particularmente invasivos. Embora a maioria das infecções que envolvem os rins seja adquirida por via ascendente, a presença de leveduras (normalmente Candida albicans), Mycobacterium tuberculosis, Salmonella spp, Leptospira spp ou Staphylococcus aureus na urina indica frequentemente uma pielonefrite adquirida por propagação hematogénica ou por via descendente. A disseminação hematogénica é responsável por menos de 5% das ITU[27].

Aquisição e etiologia:

Bactérias que causam as ITU:

A infeção bacteriana é normalmente adquirida pela via ascendente da uretra para a bexiga. O bastonete Gram-negativo Escherichia coli é a causa mais comum de ITU ascendente. **Outros membros da família Enterobacteriaceae também estão implicados:**

Proteus mirabilis está associado a cálculos urinários.

Citrobacter, Klebsiella, Enterobacter e Pseudomonas aeruginosa (ITU adquirida no hospital).

Entre as espécies Gram-positivas, o Staphylococcus saprophyticus (especialmente em mulheres jovens sexualmente activas), o Staphylococcus epidermidis e as espécies de Enterococcus estão mais frequentemente associados a ITU em doentes hospitalizados (especialmente os que têm SIDA).

Em alguns casos, as espécies capnofílicas (organismos que crescem melhor em ar enriquecido com dióxido de carbono), incluindo as corinebactérias e os lactobacilos, foram implicadas como possíveis causas de ITU. Os anaeróbios obrigatórios são muito raramente envolvidos [28]

Quando há disseminação hematogénica para o trato urinário, podem ser encontradas outras espécies, por exemplo, Salmonella typhi, Staphylococcus aureus e Mycobacterium tuberculosis (tuberculose renal)[28] .

Associação entre a esquistossomose e a infeção bacteriana do trato urinário:

A doença do trato urinário é uma caraterística específica da infeção por Schistosoma haematobium que afecta de forma difusa todo o trato geniturinário[29] . As infecções bacterianas são frequentemente recorrentes e importantes complicações da fase inativa da esquistossomose urinária, que podem ser fundamentais para precipitar a insuficiência renal. Na schistosomíase da bexiga urinária, as infecções bacterianas secundárias são comuns e, nos homens, podem envolver as vesículas seminais, o cordão espermático e, em menor grau, a próstata. Nas mulheres, a infeção pode envolver o colo do útero e as trompas de Falópio e pode causar infertilidade[30] . Opina que parece possível que os trabalhadores agrícolas e outros que estão regularmente expostos a água contaminada estejam ocasionalmente infectados simultaneamente com o parasita esquistossoma e com bactérias patogénicas .[31]

Foi postulado que a patologia do trato urinário devida à infeção por S. haematobium e subsequente uropatia obstrutiva aumenta o risco de infeção bacteriana secundária. Vários inquéritos epidemiológicos no Egipto, Gâmbia, Nigéria e Níger revelaram diferenças significativas entre as taxas de infeção bacteriana do trato urinário em doentes com esquistossomose ou em comunidades endémicas para a esquistossomose urinária em comparação com as taxas em grupos de controlo sem esquistossomose ou em áreas não endémicas comparáveis[32,33,34, and 35] . No Egipto, foi detectada bacteriúria em 20 de 390 (5,1%) rapazes em idade escolar numa área endémica, com uma taxa de prevalência de 66%, que é mais de 10 vezes superior à observada na área de controlo não endémica[33] . Numa comunidade endémica da Gâmbia, a prevalência de bacteriúria em homens com menos de 25 anos de idade foi de 6,6% (10/152), enquanto numa área comparável, mas não endémica, foi inexistente (0/153)[35] . Na Nigéria, foi observada uma bacteriúria significativa em 3,2% dos homens de uma zona endémica, em comparação com 0,5% dos homens do grupo de controlo[34] . A taxa de infecções do trato urinário numa aldeia endémica do Níger foi cinco vezes superior à de uma aldeia de controlo[32] . Em estudos hospitalares, devido à elevada frequência de uropatia obstrutiva, a associação entre bacteriúria e esquistossomose é normalmente significativa[36] . Os organismos predominantes isolados da urina na esquistossomose urinária foram Escherichia coli, Staphylococcus albus, Streptococcus faecalis e espécies de Proteus, Pseudomonas, Klebsiella e Salmonella ([34 ,36 ,and37] \ A associação de salmonela com a infeção por esquistossoma no homem é conhecida há muito tempo. As observações ao microscópio eletrónico de varrimento revelaram que a salmonela aderiu pelo seu pili ao tegumento da superfície de s.haematobium. A associação entre a salmonela e o schistosoma pode, por conseguinte, contribuir para a persistência da infeção por salmonela[38] . A bacteriémia persistente pode acompanhar a bacteriúria por salmonela. O schistosoma pode desempenhar um papel tanto como fonte como veículo da bactéria. Mesmo sem antibióticos, após o tratamento da esquistossomose, foi registada uma redução dos portadores de salmonelas ([36]) .tanto os antibióticos como os medicamentos anti-esquistossomóticos são recomendados no tratamento da bacteriemia prolongada por E. coli associada à infeção por S. haematobium [39]

A infeção bacteriana crónica na uropatia obstrutiva esquistossomótica foi considerada um fator etiológico importante por vários autores[40,41] . As bactérias urinárias produzem nitrosaminas, que são bem conhecidas por serem cancerígenas para a bexiga, a partir dos seus precursores na urina. Foram encontrados níveis elevados de nitrosaminas na urina de casos infectados por S.haematobium com cancro da bexiga[42] . Vários estudos implicaram a co-infeção de bacteriúria com esquistossomose urinária na etiologia do cancro da bexiga e de outras complicações[31] . Estudos demonstraram que pode demorar até 10-20 anos após a co-infeção inicial para que se desenvolvam complicações terminais como a insuficiência renal e o carcinoma de células escamosas da bexiga[43,44] . A potencial associação da esquistossomose urinária com outras doenças infecciosas (por exemplo, bactérias urinárias) ainda não é bem compreendida. As medidas de controlo que são instituídas por várias agências de saúde pública prestam pouca atenção à complexidade da morbilidade da esquistossomose e à sua presumível dependência da co-infeção com bacteriúria[45,46] . Quando a barreira da mucosa é quebrada, o que acontece com a esquistossomose urinária, o trato urinário torna-se um alvo fácil para as bactérias invasoras. Estas bactérias aceleram o processo de carcinogénese da bexiga em várias fases, tal como demonstrado experimentalmente pela formação de compostos N-nitroso, produzidos a partir de precursores de aminas e nitratos na urina durante infecções bacterianas[47,48] . Alguns dos compostos, como a N-butil-N-(4-hidroxi-butil) nitrosamina (BHBN) e a N-metil-N-nitro-ureia (NMU), são conhecidos agentes cancerígenos da bexiga[48] . Os conhecimentos sistemáticos sobre a co-infeção bacteriana e a esquistossomose no grupo etário dos 5-15 anos são escassos, o que é compreensível, uma vez que os métodos de investigação da esquistossomose não são os melhores para detetar a bacteriúria[49] .

Diagnóstico laboratorial:

Colheita de amostras:

A prevenção da contaminação pela flora normal do períneo e da uretra anterior é a consideração mais importante para a recolha de uma amostra de urina clinicamente relevante [27]

Métodos de recolha:

Amostra de urina a meio do jato (MSU):

Uma amostra de MSU deve ser colhida num recipiente estéril de boca larga após uma limpeza cuidadosa com sabão (não antissético) e água, e depois de permitir que a primeira parte do jato de urina seja esvaziada, uma vez que isto ajuda a lavar os contaminantes na uretra inferior[28] .

São necessárias amostras especiais de urina para detetar o Schistosoma haematobium :

Estes incluem:

Os últimos mililitros de uma amostra de urina colhida ao início da tarde após o exercício físico para deteção de S. haematobium[28] .

Procedimentos de rastreio:

Têm sido defendidos muitos métodos de rastreio para utilização na deteção de bacteriúria e/ou piúria. Estes incluem métodos microscópicos, filtração colorimétrica, bioluminescência, impedância eléctrica, métodos enzimáticos, deteção fotométrica do crescimento e imunoensaio enzimático[27] . Os métodos mais utilizados são:

Coloração de Gram:

Uma coloração de Gram da urina é um meio fácil e económico de fornecer informações imediatas sobre a natureza do organismo infetante (bactéria ou levedura) para orientar a terapêutica empírica. Depois de deixar secar ao ar uma gota de urina bem misturada, o esfregaço é fixado, corado e examinado sob imersão em óleo (100x) para detetar a presença de mais de 1 ou 5 bactérias por campo de imersão em óleo (OIF). Não se deve confiar na coloração de Gram para detetar leucócitos polimorfonucleares na urina porque os leucócitos se deterioram rapidamente na urina que não é fresca ou não está adequadamente preservada[27] .

Investigações laboratoriais:

As amostras de urina devem ser examinadas nidcwscopicamente e microscopicamente e devem ser cultivadas por métodos quantitativos ou semi-quantitativos[28] .

Exame macroscópico:

Descrever a cor e o aspeto (turvo ou límpido) da amostra[25] .

O exame microscópico da urina permite um relatório preliminar rápido:

As bactérias podem ser vistas na microscopia quando presentes na amostra em grande número. No entanto, não são necessariamente indicativas de infeção, mas podem indicar que a amostra foi mal colhida ou deixada à temperatura ambiente durante um período de tempo prolongado. A presença de glóbulos vermelhos e brancos, embora anormal, não é necessariamente indicativa de ITU. A hematúria pode estar presente em associação com:

• Infeção do trato urinário e de outros locais (por exemplo, endocardite bacteriana)

• Traumatismo renal

• Cálculos

- Carcinomas do trato urinário

- distúrbios da coagulação

- Trombocitopenia.

Ocasionalmente, os glóbulos vermelhos podem contaminar as amostras de urina de mulheres menstruadas. Os glóbulos brancos estão presentes na urina em números muito pequenos (por exemplo, < 10/mL) na saúde; uma contagem superior a 10/mL é considerada anormal, mas nem sempre está associada a bacteriúria. A piúria estéril é um achado importante e pode refletir:

- Terapia antibiótica concomitante

- Outras doenças, como neoplasias ou cálculos urinários

- Infeção por organismos não detectados por métodos de cultura de urina de rotina[28]
.

As células tubulares renais, observadas na urina dos utilizadores de aspirina, podem ser confundidas com glóbulos brancos. Os cilindros urinários são também indicativos de lesão tubular renal[28] .

Cultura:

Os patogéneos urinários comuns crescem bem em meios simples e selectivos em 24 horas de incubação aeróbica a 37 °C. Os meios mais frequentemente utilizados são o ágar nutriente, o ágar sangue, o ágar MacConkey e o ágar CLED, e os laboratórios limitam geralmente a gama a apenas um ou dois destes meios.Os meios CLED e MacConkey têm a vantagem de distinguir os fermentadores de lactose dos não fermentadores de lactose e de inibir a proliferação de proteus e, como o CLED é menos inibidor do Staphylococcus saprophyticus, recomenda-se vivamente a sua utilização.

O ágar-sangue tem a vantagem de promover o crescimento de estirpes nutricionalmente exigentes, que podem adicionalmente requerer incubação até 48 h em ar com adição de 510 % de CO2, mas estes e os agentes patogénicos anaeróbios são relativamente pouco comuns nas infecções do trato urinário e a sua cultura só deve ser tentada em casos de piúria em que não se tenha cultivado um número significativo de um agente patogénico mais comum nos meios de rotina[50] .

Métodos de cultura:

Método de laço padrão:

Utiliza-se uma ansa de inoculação de dimensões padrão para recolher um volume pequeno, aproximadamente fixo e conhecido de urina misturada não centrifugada e espalhá-lo sobre uma placa de meio de cultura de ágar. A placa é incubada, o número de colónias é contado ou estimado, e este número é utilizado para calcular o número de bactérias viáveis por ml de urina. Assim, se um punhado de urina de 0,004 ml produzir 400 colónias, a contagem por ml será de 10^5 , ou seja, um indicador de bacteriúria significativa[50] .

<u>Método do papel de filtro:</u>
Este método de cultura semi-quantitativa é rápido e muito económico em termos de utilização de meio de cultura, mas os crescimentos são frequentemente confluentes e, se estiverem misturados, necessitam de ser plaqueados para obter subculturas puras para identificação e testes de sensibilidade.Uma tira normalizada de 6 mm de largura de papel absorvente ou de filtro é dobrada em forma de L com um pé de 12 mm de comprimento (área 12*6 mm) e esterilizada a 160 C° durante 1 h. Mergulhar toda a extremidade angulada e o pé na amostra de urina misturada e não centrifugada, retirá-la e aguardar alguns segundos para permitir que todo o fluido em excesso seja absorvido pelo papel. Em seguida, pressionar o pé sobre a superfície de uma secção marcada de uma placa bem seca de meio de cultura de ágar, assegurando que toda a área do pé entra em contacto com o meio. Retirar a tira e deitá-la fora em desinfetante. Podem ser testadas até 8 ou 10 amostras em duplicado em diferentes áreas de uma

placa de 9 cm. Incubar a placa e depois contar as colónias que crescem na área de impressão. Podem ser contadas até 50 colónias e os crescimentos mais pesados são anotados como sendo semi-confluentes (+) ou confluentes (++). Estimar o número de bactérias viáveis por ml de urina a partir da contagem de colónias na área de impressão ou do padrão de crescimento semi-confluente ou confluente[50] .

<u>Método da lâmina de imersão;</u>

A lâmina de imersão é um pequeno tabuleiro de plástico que contém uma camada de um meio de cultura de ágar adequado. Os lados opostos do tabuleiro podem conter meios diferentes, por exemplo, meio de ágar CLED de um lado e ágar MacConkey, infusão de cérebro-coração ou ágar seletivo para pseudomonas do outro. A lâmina é fornecida num recipiente de tipo universal, sendo mantida numa haste fixada rigidamente ao interior da tampa de rosca do recipiente. Estes equipamentos estão disponíveis comercialmente em[50] .

O método de cultura semi-quantitativa em lâminas ou colheres de imersão é o menos trabalhoso para o laboratório e, uma vez que o meio é semeado com urina imediatamente após a sua passagem, evita a dificuldade de ter de impedir a multiplicação bacteriana durante o transporte para o laboratório. É especialmente conveniente para o rastreio de rotina de um grande número de doentes e para utilização em clínicas e consultórios afastados do laboratório. As suas desvantagens são o facto de não fornecer material para exame microscópico do conteúdo celular da urina e o facto de, quando

A contagem bacteriana é elevada e o crescimento na lâmina de imersão é confluente, sendo difícil avaliar se o crescimento é puro ou misto e obter um inóculo não misturado para identificação e testes de sensibilidade[50] .

Sistemas automatizados e semi-automatizados:

Os sistemas de rastreio automatizados oferecem a promessa de um grande rendimento com um mínimo de mão de obra e um tempo de execução rápido em comparação com as culturas convencionais. No entanto, estas vantagens podem ser compensadas por um custo substancial dos instrumentos. Muitas vezes, estes custos só se justificam em laboratórios que recebem muitas amostras[27] . Estão disponíveis comercialmente vários sistemas automatizados ou semi-automatizados de triagem de urina que são independentes ou dependentes do crescimento bacteriano[27] .

Identificação e testes de sensibilidade:

Se forem encontradas colónias semelhantes em número que sugira uma bacteriúria significativa, deve ser feita uma subcultura de uma colónia separada ou de uma porção de crescimento aparentemente puro para identificação e teste da sua sensibilidade aos antibióticos. O grau de exatidão com que deve ser identificado é uma questão de

Considerações. Provavelmente, os bacilos coliformes devem ser diferenciados em E. coli, Klebsiella, Proteus, Pseudomonas e outros coliformes; S. saprophyticus e S. aureus devem ser distinguidos de outros estafilococos, e os enterococos devem ser distinguidos de outros estreptococos. A caraterização e a tipagem pormenorizadas dos isolados podem ser efectuadas em estudos epidemiológicos de infeção cruzada e nos casos em que é importante distinguir entre a reinfeção de um doente com uma nova estirpe e a recidiva da infeção com uma estirpe anteriormente presente[50] .

Os testes de sensibilidade aos antibióticos são mais bem efectuados com um inóculo adequadamente diluído de uma subcultura pura, mas se a microscopia prévia tiver indicado que pode estar presente uma infeção, os testes de sensibilidade primários podem ser efectuados ao mesmo tempo que a cultura inicial, inoculando a urina por inundação num meio adequado, secando a superfície e aplicando discos de teste de sensibilidade. Se o doente estiver a frequentar uma clínica geral ou um ambulatório, devem ser testados medicamentos adequados para administração oral[50] .

Tratamento:

Dependendo da avaliação clínica do doente e das tendências locais de resistência antimicrobiana, a ITU não complicada é normalmente tratada com um antibacteriano oral durante 3 dias. A ITU não complicada (cistite) geralmente resolve-se espontaneamente no prazo de 4 semanas em até 40% dos doentes; no entanto, o tratamento com agentes antibacterianos reduz os sintomas e assegura a erradicação bacteriana. A quimioterapia antimicrobiana oral é geralmente administrada duas vezes por dia durante 3 dias, dependendo do medicamento e da avaliação clínica do doente. A escolha do agente deve basear-se nos resultados dos testes de suscetibilidade. Para além da terapia antibacteriana, o doente deve ser aconselhado a beber grandes volumes de líquidos para ajudar o processo normal de lavagem[28] .

Existem várias classes diferentes de antibacterianos disponíveis em formulações orais e adequadas para o tratamento de ITU. As crianças e as mulheres grávidas com bacteriúria assintomática devem ser tratadas com antibacterianos e acompanhadas para verificar se

Erradicação da infeção. A instrumentação do trato urinário deve ser adiada em doentes com bacteriúria significativa até que o tratamento adequado tenha tornado a urina estéril[28] .

As ITU complicadas (pielonefrite) devem ser tratadas com um agente antibacteriano sistémico, que deve ser mantido até ao desaparecimento dos sinais e sintomas. Pode então ser substituído por terapêutica oral. A duração habitual do tratamento é de pelo menos 10 dias, mas pode ser necessário um tratamento mais longo para esterilizar o rim[28] .

As infecções adquiridas no hospital ou as infecções recorrentes, particularmente em doentes cateterizados, podem ser causadas por organismos resistentes a antibióticos, e o agente de escolha dependerá do padrão de suscetibilidade antibacteriana[28] .

Prevenção:

A utilização profilática de antibióticos também pode prevenir infecções recorrentes, mas na presença de anomalias subjacentes, há uma tendência para selecionar estirpes resistentes aos antibióticos, que subsequentemente causam infecções mais difíceis de tratar. A infeção em doentes cateterizados é muito comum, mas pode ser reduzida através de bons procedimentos de cuidados com o cateter. A cateterização deve ser evitada, se possível, ou reduzida a uma duração mínima[28] .

Capítulo 2

Justificação

As infecções bacterianas são frequentemente recorrentes e complicações importantes da fase inativa da esquistossomose urinária, o objetivo deste estudo é determinar a frequência de infecções bacterianas do trato urinário em crianças em idade escolar com esquistossomose na zona rural do sul da cidade de Shendi, na qual existe uma elevada prevalência de esquistossomose urinária e as pessoas nestas áreas concentram-se no tratamento da esquistossomose sem detectarem infecções bacterianas do trato urinário.

Objectivos

Objetivo geral:

Determinar a frequência da infeção bacteriana do trato urinário entre os alunos com esquistomose.

Objectivos específicos:

-Isolar e identificar os organismos que causam ITU em escolares com esquistossomose.

-Determinar a associação entre a esquistossomose e a infeção bacteriana do trato urinário em crianças em idade escolar.

-Determinar os padrões de suscetibilidade antimicrobiana dos organismos isolados.

Materiais e métodos

Desenho do estudo:

Um estudo transversal.

Área de estudo:

O estudo foi realizado numa cidade rural do sul de Shendi.

A localidade de Shendi é uma das localidades do Estado do Rio Nilo. É delimitada pela localidade de Elddamer a norte do Estado do Rio Nilo, pelo Estado de Cartum a norte, pelo Rio Nilo a oeste e pelo Estado de Gadarif a leste. Geograficamente, situa-se entre a linha 360 leste e 310 oeste longitudinal e a linha 190 norte e 150 sul latitudinal na zona árida do Sudão. As zonas rurais da localidade de Shendi são compostas por cerca de 96 aldeias, 63 das quais se situam no lado sul da localidade. As fontes de água potável nestas aldeias são variadas. O estudo é realizado em três aldeias endémicas (Bannt, Wad Nora e Gandato) nas quais existem projectos agrícolas.

Período de estudo:

Em 2016, de março a julho.

População do estudo:

Alunos do sexo masculino do ensino primário.

Critérios de inclusão:

Grupo de teste:

Homens da escola primária infectados com esquistossomose.

Grupo de controlo:

Homens do ensino primário não infectados com schistomasis.

Critérios de exclusão:

Homens do ensino primário infectados com schistomasis e que tomam medicamentos.

Espécime:

Cerca de 20 ml de amostras de urina a meio do jato, colhidas em recipientes universais de 50 ml, esterilizados, de boca larga e com tampa de rosca, pelos próprios indivíduos, previamente instruídos com material de ilustração.

Tamanho da amostra:

84 amostras de urina colhidas de alunos do sexo masculino com schistomasis e 36 amostras de urina do grupo de controlo.

Instrumentos de recolha de dados:

Os dados, incluindo a idade, o sexo, a residência e o historial de doenças, foram recolhidos numa folha de dados adequada.

Análise de dados:

Para a análise dos dados, foi utilizado o programa SPSS para comparar o grupo de teste com o grupo de controlo (versão 16).

Considerações éticas:

Foi obtido o consentimento verbal dos pais e dos professores das escolas primárias. A participação dos alunos foi voluntária após a obtenção do consentimento. As informações recolhidas dos participantes foram mantidas com a máxima confidencialidade, uma vez que os nomes não foram utilizados em nenhuma amostra, exceto nos códigos.

Metodologias:

Recolha de amostras de urina :

exame microscópico da urina :

10 ml de amostra de urina foram vertidos assepticamente num tubo de centrifugação e centrifugados a 500 - 1000 rpm durante 5 minutos. O sobrenadante foi decantado,

deixando o sedimento no fundo do tubo. Uma gota do sedimento foi pipetada e colocada numa lâmina de microscópio, sendo depois coberta com uma lamela. O depósito foi

examinadas utilizando a objetiva x40 do microscópio detectaram ovos de S. hematobium [25, 51 e 52].

-Cultura de urina :

As amostras de urina foram submetidas a uma cultura asséptica de cistina, lactose e deficiência electrolítica

(CLED) utilizando uma ansa de arame esterilizada. As placas de cultura foram incubadas

aerobicamente a 37C° durante 24 horas. As placas de cultura sem crescimento visível foram incubadas durante mais 24 horas antes de serem deitadas fora. Os isolados bacterianos foram identificados com base numa combinação de características culturais, morfológicas e bioquímicas [53]

Identificação das bactérias isoladas:

O meio CLED distingue entre fermentadores de lactose (colónias amarelas) e não fermentadores de lactose (verdes)[54] . A morfologia colonial; o seu tamanho e forma, se é opaca ou translúcida, mucoide ou seca, e pigmentada também foi descrita[54] - A preparação do esfregaço e a coloração de Gram foram efectuadas de acordo com o procedimento descrito por Abla M.E1- Mishad -[54]

Teste bioquímico para cocos gram positivos:

Catalase:

Uma pequena partícula de colónias separadas é colhida com uma ansa estéril limpa e inserida num pequeno tubo limpo contendo 1 ml de solução de $H O_{22}$ a 3%. A produção de bolhas de gás indica uma reação positiva -[50]

Teste de hidrólise da esculina:

Inocular a cultura na lâmina e incubar a 37 C° durante 48 horas e observar o escurecimento -.[50]

Teste de redução do leite Litmus:

Inocular o organismo a testar em 0,5 ml de meio de leite de tornassol estéril. Incubar a 35-37 C° durante 4 horas, no máximo, examinando a intervalos de meia hora para verificar se existe uma reação de redução, como demonstrado por uma mudança de cor de malva para branco ou amarelo pálido -[25]

Teste bioquímico para bacilos gram-negativos:

Teste da oxidase:

A colónia testada foi espalhada sobre o papel de filtro que foi embebido numa solução a 1% de dicloridrato de tetrametil-p-fenilenodiamina recentemente preparada. Uma reação positiva é indicada por uma tonalidade púrpura intensa e profunda[50] .

Teste da urease:

O organismo testado foi inoculado no declive do meio e incubado a 37 °C. Examinar após 4 horas e após incubação nocturna, as culturas urease positivas mudam a cor do indicador para púrpura-rosa[50] .

Teste do citrato:

O organismo testado foi inoculado na encosta do Simmons, em ágar citrato e incubado durante 96 horas a 37°C, o teste positivo é a cor azul e a estria de crescimento -.[50]

Teste de motilidade:

O organismo testado foi inoculado em meios semi-sólidos e incubado a 37 C° e examinado, as bactérias móveis difundem-se no ágar '[50]

Teste de Kiligler em ágar-ferro:

O organismo de teste foi espalhado num inóculo pesado sobre a superfície do declive e apunhalado na extremidade e Incubar aerobicamente a 37C° durante 24 horas -[50]

Teste do indole:

O organismo foi inoculado em água peptonada e, após incubação a 37° C durante 24 horas. Adicionou-se o reagente de Kovacs e a presença de um anel vermelho indicou um resultado positivo '[54]

Teste de suscetibilidade antimicrobiana:

O teste de suscetibilidade aos antibióticos dos organismos de teste isolados, nomeadamente Escherichia coli, Salmonella typhi, Klebsiella spp , Pseudomonas aeruginosa ,proteus spp e E.facalis foi efectuado utilizando os seguintes antibióticos: Amicacina (30_{Mg}), Cloranfenicol (30_{Mg}), Cefalexina (30mcg), Norfloxacina (10_{Mg}), Levofloxacina (5_{Mg}), tetraciclina (30_{Mg}), Ciprofloxacina (5_{Mg}), Ofloxacina (5_{Mg}), Nitrofuranação (300_{Mg}), Ampicilina /sulbactam (20_{Mg}), Esparfloxacina (5_{Mg}) , Co-trimoxazol (25_{Mg})]-

O organismo de teste foi colocado e emulsionado em 10 ml de solução salina normal num tubo de ensaio utilizando uma ansa esterilizada e incubado durante 2 horas. Foi utilizado o Me Farland 0,5. A turvação foi comparada com o padrão Me Farland (-[55] Mergulhar uma zaragatoa estéril na suspensão e remover o excesso de líquido pressionando-a e rodando-a contra o lado do tubo acima do nível da suspensão. A zaragatoa foi espalhada uniformemente sobre a superfície do meio em três direcções, rodando a placa para assegurar uma distribuição uniforme, deixando secar a superfície do ágar durante 3-5 minutos. Os discos antimicrobianos foram colocados na superfície da placa inoculada com um espaçamento adequado (25 mm de disco para disco e 15 mm do bordo). As placas foram incubadas a 37 °C durante 18-24 horas e, em seguida, examinadas para verificar a presença de zonas de inibição do crescimento bacteriano à volta dos discos de antibiótico. Estas são medidas com uma régua, lidas a partir de tabelas padrão como sensíveis, moderadas ou resistentes aos diferentes antibióticos[54]

Capítulo 3

Resultados

Associação entre ITU e esquistossomose na população testada :

Foi incluído no estudo um total de 120 crianças em idade escolar, com idades compreendidas entre os 516 anos, 84 sofriam de esquistossomose e 36 não estavam infectadas, das 84 que sofriam de esquistossomose 37 (44,05%) apresentaram um crescimento significativo, 47 (55,95%) não apresentaram crescimento (valor de p = 0,001), como se mostra na tabela (3.1).

Frequência de Isolados Bacterianos nas Amostras de Urina de Esquistossomose:

Dos 37 indivíduos com uma bacteriúria sintomática significativa, a Escherichia coli continua a ser o culpado mais frequente, representando 17 (45,95%) das infecções, seguido de 7 (18,92%) registados para a Salmonella spp.; 5 (13,51%) dos indivíduos tinham Klebseilla spp e pseudomonas spp, 2 (5,41%) tinham espécies de Proteus e 1 (2,70%) tinha E.facalis, como se mostra na tabela (3.2).

Padrão de suscetibilidade aos antibióticos (%) dos organismos isolados:

Os antibióticos utilizados durante o curso do estudo eram discos múltiplos para isolados do trato urinário que incluíam: Amicacina (30_{Mg}), Cloranfenicol (30_{Mg}), Cefalexina (30mcg), Norfloxacina (10_{Mg}), Levofloxacina (5)$_{Mg}$

Tetraciclina (30_{Mg}), ciprofloxacina (5mcg), ofloxacina (5mcg), nitrofurano (300_{Mg}), ampicilina/sulbactam (20_{Mg}), esparfloxacina (5_{Mg}) e co-trimoxazol (25_{Mg}).

Todos os isolados de gram-negativos mostraram-se resistentes à amicacina (AK), à cefalexina (PR) e à ampicilina (AS) em diferentes percentagens, Ecoli e Klebsiella apresentaram resistência ao Co-trimoxazol e sensibilidade moderada a elevada a outros antibióticos, tendo sido registada uma elevada taxa de resistência em E. coli e Klebsiella. A E.facalis é moderadamente suscetível à amicacina (AK), à cefalexina (PR), à tetraciclina (TE) e à nirofuranação (FD), é resistente ao cotrimoxazol e altamente suscetível aos restantes antibióticos, como se mostra na tabela (3.3).

Tabela (1): comparação entre bacteriúria e esquistossomose urinária na população testada:

Categorias	Casos de esquistossomose urinária	Esquistossomose não urinária casos	Total	P.valor
Presença de bacteriúria	37(44.1%)	0.0 (0.0%)	37	0.001
Ausência de bacteriúria urinária	47(55.9%)	36(100%)	83	
Total	84(100%)	36(100%)	120	

Tabela (2): frequência dos isolados bacterianos nas amostras da população de ensaio:

Isolados	Número e percentagem%
E. coli	17 (45.95%)
Klebsiella spp.	5 (13.51%)
Pseudomonas spp.	5 (13.51%)
Salmonella spp.	7 (18.92%)
E. facialis	1 (2.70%)
Proteus spp	2 (5.41%)

Organismo isolado	AK	CH	RP	TE	NX	LE	PC	OF	FD	AS	SC	BA
E. coli n(17)	94	18	88	30	24	30	30	6	35	88	6	100
Klebsiella spp. n(5)	100	20	20	20	0.0	60	40	80	40	100	20	100
Pseudomonas spp. n(5)	20	20	100	40	40	20	0.0	20	80	100	20	40
Salmonella spp. n(5)	100	29	43	43	100	71	14	0.0	14	57	71	0.0
E .fecialis n(l)	0.0	0.0	0.0	0.0	0.0	0.0	0.0	0.0	0.0	0.0	0.0	100
Proteus spp n(2)	100	0.0	100	50	0.0	0.0	0.0	0.0	0.0	50	0.0	50

Legenda: [S = Sensível/suscetível, R = Resistência, I = Intermédio, AK = Amicacina (30_{Mg}) ,CH = Cloranfenicol (30_{Mg}), PR = Cefalexina (30_{Mg}) ,NX = Norfloxacina (10_{Mg}) , LE = Levofloxacina (5mcg) , TE =tetraciclina (30_{Mg}) , CP = Ciprofloxacina (5_{Mg}) , OF = Ofloxacina (5_{Mg}) , FD =Nirofuranação (300_{Mg}) ,AS =Ampicilina /sulbactam (20_{Mg}), SC =Esparfloxacina (5_{Mg}) , BA = Co-trimoxazol (25_{Mg})] .

Discussão

Neste estudo, a frequência de bactérias entre as crianças com esquistossomose urinária é de 44,5% e esta avaliação do estudo entre esquistossomose urinária e infeção bacteriana do trato urinário, este achado está de acordo com o estudo realizado por Okechukwu etall 2012, que afirmou que a infeção bacteriana concomitante do trato urinário em crianças, a prevalência de bacteriúria significativa foi de 53.7% entre aqueles infectados com esquistossomose urinária e 3,6% naqueles que não estavam infectados com esquistossomose urinária (valor de p<0,001) -[26]

Também comparável aos resultados em 2008 em Ngbo West com uma prevalência de bacteriúria de 48,3% foi relatada entre pessoas com esquistossomose urinária por C.J. Uneke etal[56] ' A esquistossomose urinária e a bacteriúria concomitante foram investigadas em Abuja A prevalência de bacteriúria na esquistossomose urinária variou entre 74-86%[5Д] E, por fim, os relatórios do Egipto indicaram que cerca de 39 - 66% dos indivíduos com esquistossomose tinham uma infeção bacteriana no trato urinário[58>59] .

As razões pelas quais os indivíduos com infeção por S. haematobium parecem ser mais susceptíveis à ITU ou o mecanismo pelo qual isto ocorre permanecem obscuros. No entanto, alguns estudos observaram que a associação entre a infeção esquistossomótica e bacteriana poderia resultar de uma relação (possivelmente simbiótica) em que as bactérias se fixam na superfície cutânea dos vermes em locais claramente definidos ou colonizam o ceco do parasita, como observado por Otteens e Dickerson[60 -61 and 62] \ Outro relatório anterior sugeriu que a esquistossomose parece aumentar a suscetibilidade das pessoas infectadas a bactérias causadoras de . Alguns estudos anteriores avaliaram a prevalência de ITU causada por bactérias e a relação com a schistosomíase urinária em diferentes estudos epidemiológicos, clínicos e experimentais e sugeriram a possibilidade de uma ligação entre as duas condições [63] _.

As seis espécies bacterianas encontradas neste estudo (E.coli, Klebsiella spp, Proteus spp, Salmonella spp, Pseudomonas spp e E.facalis) confirmam os resultados dos estudos sobre a prevalência de bactérias isoladas entre crianças em idade escolar em Ezza-North LGA do país Ebonyi e a prevalência de bactérias isoladas entre crianças em idade escolar em Ngbo-West LGA do país Ebonyi[64] .

O isolamento de Esherichia coli é mais frequente do que os restantes isolados, o que está em conformidade com os relatórios de muitos investigadores, como a conclusão de Laughlin et al2013. ,também está de acordo com as conclusões de alguns outros estados da Nigéria, como o estudo de Uneke et al no estado de Ebonyi e Normosi et al na comunidade rural de Ogben do estado de Edo, que confirmam as minhas conclusões[65] .

O teste de suscetibilidade antimicrobiana dos isolados revelou padrões variáveis de suscetibilidade em todos os isolados. Este estudo sugere claramente que a bacteriúria é uma complicação potente no tratamento da esquistossomose urinária. Por conseguinte, a incorporação complementar de terapia antibacteriana parece essencial. A maioria dos organismos encontrados durante o curso deste estudo eram resistentes à amicacina,

cefalexina e impicilina em diferentes percentagens. A Klebsiella spp. e a E. coli apresentaram resistência ao co-trimoxazol e, em particular, níveis elevados de resistência à maioria dos agentes antimicrobianos. Resultados semelhantes foram comunicados por R. M. Mordy e etal 2006 e P. Galia, etal2003 descobriram que o elevado nível de resistência dos antibióticos com E. coli[66,67]

.

Conclusão

Este estudo concluiu que existia uma elevada prevalência de co-infeção por bacteriúria entre crianças em idade escolar com esquistossomose urinária na cidade rural de Shendi do Sul. Esta co-infeção pode pressagiar algum perigo em anos posteriores da vida, uma vez que aumenta o risco de cancro da bexiga. É pertinente afirmar que, uma vez que existe o potencial para uma possível interação entre a infeção por S. haematobium e a ITU bacteriana em áreas endémicas de esquistossomose urinária.

Recomendações

Tendo em conta o que precede, recomendei que :

-Todas as crianças infectadas com esquistossomose urinária devem ser submetidas a um rastreio de bacteriúria e devem ser administrados simultaneamente antibióticos adequados.

-Estas crianças também devem ser seguidas para monitorizar complicações posteriores.

- Acesso a água potável, melhor saneamento, educação sanitária, comunicação sobre saúde e gestão adequada dos casos. Estas estratégias melhorarão a saúde das crianças nas zonas endémicas.

-São urgentemente necessários mais estudos utilizando as ferramentas moleculares e imunológicas mais sofisticadas para elucidar claramente esta associação.

Referências

1- C. M. Kunin, "Urinary Tract Infections in Females," Clinical Infectious Diseases, Vol. 18, No. 1, 1994, pp. 1-10. http://dx.doi.Org/10.1093/clinids/18.l.1

2- D. H. Tambekar, S. R. Gulhane, V. K. Khandelwal e M. N. Dudhane, "Antibacterial Susceptibility of Some Uri-nary Tract Pathogens to Commonly Used Antibiotics," African Journal of Biotechnology2006,5 (17) ,1562-1565

3- W. E. Stamm, "The Epidemiology of Urinary Tract Infec-tions: Risk Factors Reconsidered," Interscience Confer-ence on Antimicrobial Agents and Chemotherapy, Vol. 39, 1999, p. 769.

4- J. B. Wyngaarden, L. H. Smith e J. C. Bennett, "Infecções adquiridas no hospital", In: Cecil Text-book of Medi- cine, 19th Edition, W.B. Saunders, Philadelphia, 1998.

5- D. A. Schwartz, "Carcinoma do Colo Uterino e Esquistossomose na África Ocidental," Gynecologic Oncology, Vol. 19, No. 3, 1994, pp. 365-368.

6- O. Ariyo, L. K. Olofintoye, R. A. Adeleke e O. Fa-murewa, "Epidemiological Study of Urinary Schisto somiasis among Primary School Pupils in Ekiti State, Nigeria," African Journal of Clinical & Experimental Microbiology, Vol. 5, No. 1, 2004, pp. 20-29.

7- E. L. Nicolle, S. Bradley, C. Richard, C. R. James, S. M. Anthony e N. Thomas, "Infectious Disease Society of America," Guidelines for the Diagnosis and Treatment of Asymptomatic Bacteriuria in Adults, 2005, pp. 643-654.

8- A. O. Oyagade, S. I. Smith e O. Famurewa, "Bacteriúria Significativa Assintomática entre Mulheres Grávidas em Ado-Ekiti, Estado de Ekiti, Nigéria,"

African Journal of Clinical & Experimental Microbiology, Vol. 5, No. 1, 2004, pp. 64-77.

9- O. A. Adeyeba and S.G.T. Ojeaga, Urinary Schisto-somiasis and Concomitant Urinary Tract Pathogens among School Children in Metropolitan Ibadan, Nigeria," African Journal of Biomedical Research, Vol. 5, 2002, pp. 103-107.

10- E. L. Nicolle, "Asymptomatic Bacteriuria When to Screen and When to Treat," Infectious Diseases Clinical North America, Vol. 17, 2003, pp. 367-394.

11- G. K. M. Harding, G. Z. Godfry e L. E. Nicolle, "Tratamento antimicrobiano em mulheres diabéticas com bacteriúria assintomática", The New England Journal of Medicine. Vol.347,2004,pp. 1576-1583. http://dx.doi.org/10.1056/NEJMoa021042

12- P. Akerele, F. Abhuliren e J. Okonofua, "Prevalence of Asymptomatic Bacteriuria among Pregnant Women in Benin City, Nigeria," Journal of Obstetrics &Gynaecol-ogy,Vol.21,2001,pp.141-144. http://dx.doi.org/10.1080/01443610020026038

13- K. Gupta, D. F. Sahm e D. Mayfield, "Antimicrobial Resistance among Uropathogens That Cause Commu-nity-Acquired Urinary Tract Infections in Women: A Na-tionwide Analysis," Clinical Infectious Diseases, Vol. 33, No. 1, 2001, pp. 89-94. http://dx.doi.org/10.1086/320880

14- Chitsulo L, Engels D, Montresor A, Savioli L: The global status of schistosomiasis and its control. Ata Trop 2000,77:41-51.

15- Uneke CJ, Egede MU: Impacto da esquistossomose urinária no estado nutricional das crianças em idade escolar no sudeste da Nigéria. The Internet Journal of Health 2009,9(1).

16- Bottieau, E., Clerinx, J. e De Vega, M.R., Febre de Katayama importada: características clínicas e biológicas na apresentação e durante o tratamento. JournalInfect., 52: 33945 (2006).

17- Saathoff E, Olsen A, Magnussen P, Kvalsving JC, Becker W, Appleton CC. Patterns of Schistosoma haematobium infection, impact of praziquantel treatment and re-infection after treatment in a cohort of school children from rural Kwazulu-Natal / South African. BMC Infect Dis 2004; 4:40.

18- Mahmoud AAF. Trematódeos (Esquistossomose) e outros vermes. Em Mendel, Douglas e Bennett Principles and practice of Infection Diseases.5th edn. Vol 2 (ed. G L Mendel, J E Bennett & R Dolin) Churchill Livingston, Nova Iorque, 2000, pp 2956.

19- Organização Mundial de Saúde. Prevention and Control of schistosomiasis and soil Transmitted Helminthiasis (Prevenção e controlo da esquistossomose e da helmintíase transmitida pelo solo). Serviços de relatórios técnicos da OMS, Genebra, 912:i-vi, 2002, pp 1-57.

20- Okoli El, Odaibo AB. Esquistossomose urinária entre crianças em idade escolar em Ibadan, uma comunidade urbana no sudoeste da Nigéria. Trop Med Int Health 1999; 4: 308315.

21- Olalubi A. Oluwasogo e Olukunle B. Fagbemi, Prevalência e factores de risco de infecções por Schistosoma haematobium entre crianças do ensino primário na aldeia de Igbokuta, Governo Local do Norte de Ikorodu, Estado de Lagos .

22- Casmir I.C.Ifeanyi, Benard M. Matur e Nkiruka F. Ikeneche , Urinary Schistosomiasis And Concomitant Bacteriuria In The Federal Capital Territory Abuja Nigeria, New York Science Journal, 2009, 2(2), ISSN 1554-0200 http://www.sciencepub.net/newyork, sciencepub@gmail.com.

23- O. A. Adeyeba e S. G. T. Ojeaga, "Esquistossomose urinária e agentes patogénicos concomitantes do trato urinário entre crianças em idade escolar na área metropolitana de Ibadan, Nigéria," African Journal of Biomedical Research, Vol. 5, 2002, pp. 103-107.

24- C. A. Ekwunife, V. O. Agbor, A. N. Ozumba, C. I. Ene-anya e C. N. Ukaga, "Prevalência da Schisto-somíase Urinária na Comunidade de Lyede-Ame e na Área Governamental Local de Ndokwa Este do Estado do Delta," Nigerian Journal of Parasitology, Vol. 30, 2009, pp. 27-31.

25- M. Cheesbrough, "District Laboratory Practice in Tropi-cal Countries", 2.ª edição, Cambridge University Press, Cambridge, 2007 , ppl06-114.

26- Okechukwu Paulinus Ossai, Raymond Dankoli, Chimezie Nwodo, Dahiru Tukur, Peter Nsubuga, Daniel Ogbuabor, Osaeloka Ekwueme, Godwin Abonyi, Echezona Ezeanolue, Patrick Nguku, Douglas Nwagbo, Suleiman Idris, George Eze. Bacteriúria e esquistossomose urinária em crianças do ensino primário em comunidades rurais no Estado de Enugu, Nigéria, 2012. Pan Afr Med J. 2014;18(Supp 1):15

Tl- Betty A. Forbes , Daniel F. Sahm e Alice S. Weissfeld , Bailey & Scott's ; Diagnostic Microbiology , Twelfth edition , 2007 , pp 842-85 .

28- Richard V. Goering, Hazel M. Dockrell, Mark Zuckerman, Peter L. Chiodini e Ivan M. Roitt ; Mims Medical Microbiology , Fifth Edition , 2008 , pp 237 -243 .

29- Pereira Arias,J.G.,Ibarluzea Gonzalez,J.G.,Alvarez Martinez,J.A.,Marana Fernandez M.,Gallego Sanchez,J.A.,Larringa Simon,J.e Bernuy Malfa,C.(1997). Esquistossomose urogenital mista.Ata Urologica 2(3).272-277.

30- Mostafa, M. H., Shenita, S. A. e O'connur, P.J., (1999). Relação entre a esquistossomose e o cancro da bexiga. Clinical Microbiology Reviews 12(1): 978-11.

31- Badawi AF, Mostafa MH, O'ConorPj. Envolvimento de agentes alquilantes no cancro da bexiga associado ao schistosoma: os possíveis mecanismos básicos de indução. CancerLett. 1992 April 30;63(3):171-88.

32- Bretagne, P. S., Rey, J. L., Sellin, B., Houchet, F. & Roussin, S. (1998) Bilharziose ~Schistosoma haematobium e infecções urinárias. Boletim da Sociedade de Patologia Exótica, 78: 79-88

33- Laughlin, L. W" Farid, Z" Mansour, N" Edman, D. C. & Higashi, C. I. (1998) Bacteriúria na esquistossomose urinária no Egipto, um estudo de prevalência. Revista Americana de Medicina Tropical e Higiene, IL: 916-918.

34- Soyannwo, H. A. 0., Ogbechi, M. E. B. C., Adeyeni, G. A., Soyemi, A. I., Lipede, H. R. O. & Lucas, A. O. (1998) Estudos sobre a prevalência de doença renal e hipertensão arterial em relação à esquistossomose. III. Proteinúria, hematúria, piúria e bacteriúria na comunidade rural da Nigéria. Nigerian medical journal,~: 451464.

35- Wilkins, H. A. (1997) Schistosoma haematobium numa comunidade da Gâmbia. III. A prevalência de bacteriúria e de hipertensão. Anais de medicina tropical e parasitologia, 2! 179-186.

36- Abdel-Wahab, M. F. (1982) Schistosomiasis in Egypt. Boca Raton, Florida, eRe Press, pp. 136-163.

37- Abdel-Salam, E. & Abdel-Fattah, M. (1997) Prevalência e morbilidade do Schistosoma haematobium em crianças egípcias, um estudo controlado. American journal of tropical medicine and hygiene,~: 463-469.

38- Lo Verde, P. T., Amento, C. & Higashi, G. I. (1990) Parasite-paraSite interaction of Salmonella typhimurium and Schistosoma. Journal of infectious diseases, 141: 177-185.

39-   Farid, Z., Trabolsi, B. & Hafez, A. (1994) Escherichia coli bacteraemia in chronic schistosomiasis. Annals of tropical medicine and parasitology, 78: 661-662.

40-   Sl-Bolkainy, M. N., Hokhtar, N. H., Ghoneim, M. A. & Hussein, M. H. (1991) The impact of schistosomiasis on the pathology of bladder carcinoma. Cancro, 48: 2643-2648.

41-   Chevlen, E. M., Awwad, H. K., Ziegler, J. L. & Elsebei, I. (1999) Cancer of the bilharzial bladder. International journal of radiation oncology, biology, phYSics, 5: 921-926.

42-   Hicks ,R. M. ,Walters ,C. L. , Elsebai ,1. El Aaseer , A.H. , El Merzabani, M. &Gough , T. A. [1997] Demonstração de nitrosaminas na urina humana : observações preliminares sobre uma possível etiologia do cancro da bexiga em associação com infecções crónicas do trato urinário . Proceedings of the Royal Society of Medicine , 70 :413 - 417.

43-   Poggensee G, Krantz I, Nordin P, Mtweve S, Ahlberg B, Mosha G, Freudenthal S. A six year follow up of children for urinary and intestinal schistosomiasis and soil transmitted heminthiasis in Northern Tanzania. Ata Trop. 2005;93(2): 131-40.

44-   Latif AS. Infecções urogenitais nos trópicos. Colégio Australasiano de Medicina Tropical. 2004; capítulo 8. Disponível em htt//www.troped. org/primer/chapter.

45-   Hicks RM, Walters C L, El-Sebai I, El-Merzabani M, Gough TA. Determinação de nitrosaminas na urina humana: observações preliminares sobre a possível etiologia do cancro da bexiga em associação com infecções crónicas do trato. Proc R Soc Med. 1976;70: 413-416.

46- Hicks RM, Ismail MM, Walters CL, Beecham PT, Rabie MT, El-Alamy MA. Association of bacteriuria and urinary nitrosamine formation with Schistosoma haematobium infection in the Qalyub area of Egypt. Trans R Soc Trop Med Hyg. 1992; 76(4):519-527.

47- Hicks RM. Nitrosaminas como possíveis agentes etiológicos no cancro da bexiga bilharzial. Relatório Banburry. 1992; 12:455-471.

48- Hicks RM, James C, Webbe G. Effect of Schistosoma haematobium and N-butyl-N-(4-hydroxybutyl)nitrosamine on the development of urothelial neoplasia in baboon. BrJCancer. 1990; 42(5):730-755.

49- Fincham JE, Markus MB, Adams VJ. Poderá a infeção por helmintos transmitida pelo solo influenciar a pandemia de VIH/SIDA? ActaTropica. 2003 May; 86(2-3):315-33.

50- J.G. Collee , A.G. Fraser , B.P.Marmion and A.Simmons , Mackie & McCartney , practrical medical microbiology , 14th edition 2007 p84-90 .

51- Muller R. (1995): Em "Worms and Dieases. Amanual de Helmintologia Médica", Heinemann. P.68-85.

52- Piekarski G. (1999): Em "Parasitologia Médica" Springer- Verlag Berlin Berlin Heidelberg 1999p. 168-169

53- S. T. Cowan, "Cowan and Steele's Manual for the Identi-fication of Medical Bacteria London," 3rd Ed, Cambridge University Press, Cambridge, 1993.

54- Abla M. El-Mishad , Manual practical microbiology , oitava edição, setembro de 2006.

55- F. C. Tenover, "Performance Standards for Antimicrobial Disc Susceptibility Test Approved Standard, M2-A5 Pub", National Committee for Clinical Laboratory Stan-dards, Villanova Pan, EUA, 2003.

56- C Uneke, S Ugwuoke-Adibuah, K Nwakpu, B Ngwu. Uma avaliação da infeção por Schistosoma haematobium e infeção bacteriana do trato urinário entre crianças em idade escolar na zona rural do leste da Nigéria. O Jornal da Internet de Medicina Laboratorial. 2009 Volume 4 Número 1.

57- Casmir I.C.Ifeanyi, Benard M. Matur e Nkiruka F. Ikeneche , Urinary Schistosomiasis And Concomitant Bacteriuria In The Federal Capital Territory Abuja Nigeria , New York Science Journal, 2009, 2(2), ISSN 1554-0200 http://www.sciencepub.net/newyork, sciencepub@gmail.com

58- EL-Hawey AA, Massoud D, Badr D, Waheeb A, Abdel-Hamid S. Bacterial flora in hepatic encephalopathy in bilharzial and non-bilharzial patients. J Egy Soc Parasitol 1989; 19: 79-80.

5 9 Lehman JS, Farid Jnr Z, Smith Z, Basily JH, EL-Masry NA. Esquistossomose urinária no Egipto: correlação clínica, radiológica, bacteriológica e parasitológica. Trans R Soc Trop Med Hyg 1973; 67: 384-399.

60- Penaud A, Mourrit J, Chapoy P, Alessandrini P, Louchet E, Nieoli RM. Interação bacterio-parasitária. Enterobactérias e esquistossomas (associação salmonela-esquistossoma). Med Trop (Marte) 1983; 43: 331-340.

61- LoVerde PT, Amento C, Higashi G.I Interação parasita-parasita de Salmonella typhimurim e Schistosoma. J Infect Dis 1980; 141: 177-185.

62- Otten H, Dickerson C. Estudos sobre os efeitos de bactérias em infecções experimentais por esquistossomas em animais. Trans R Soc Trop Med Hyg 1972; 66: 85-107

63- Uneke CJ, Ugwuoru CDC, Ngwu BAF, Ogbu O, Agala CU. Implicações para a saúde pública da bacteriúria e da suscetibilidade aos antibióticos de bactérias isoladas em alunos de escolas infectadas com Schistosoma haematobium no Sudeste da Nigéria. World Health Pop 2006; 1-11.

64- Organização Mundial de Saúde. Prevalence of bacteria isolates amongschool children in Ngbo - west LGA of Eboni country WHO Technical Report services, Geneva, 912:i-vi, 2002, pp 1-57.

65- Nmorsi OP, Kwandu UN, Ebiaguanye LM. Co-infeção por Schistosoma haematobium e agentes patogénicos do trato urinário numa comunidade rural do Estado de Edo, Nigéria. J Commun Dis. 2007 junho; 39(2):85-90

66- R. M. Mordy e P. O. Erah, "Susceptibility of Common Urinary Isolates to the Commonly Used Antibiotics in a Tertiary Hospital in southern Nigeria," African Journal of Biotechnology, Vol. 5, 2006, pp. 1067-1071.

67- P. Galia, R. Erica, B. Gilad e B. Herve, "Molecular Epidemiology of Asymptomatic Bacteriuria in the Eld-erly," Journal of Age and Ageing, Vol. 32, No. 6, 2003, pp. 670-673.

Printed by Books on Demand GmbH, Norderstedt / Germany